毛茸茸的尾巴

U0276655

走进大自然

尾巴是指位于动物身体背部尾端的部分,特别是指构造柔韧可弯曲、且明显分开于躯干的附肢部分,大致上相当于哺乳动物与鸟类的骶骨和尾骨。一般而言尾巴是脊柱动物的专属特征。动物为了适应周围的生活环境,于是就演变出各种形态的尾巴,并且,不同的尾巴也具有各自不同的功用。《动物的尾巴》这本书介绍了不同动物尾巴的外形和功用,例如,袋鼠的尾巴像厚实的麻绳,又长又结实,可以帮助保持身体平衡、维持重心;响尾蛇的尾巴滑溜溜,晃动时还会发出"嘎啦嘎啦"的响声,可以起到威慑敌人的作用;燕子的尾巴像剪刀,可以帮助把控飞行方向。动物尾巴的模样和用途各不相同,但是都各具特色、不可缺少。书中还对尾巴的功用相似的动物进行了归类,使幼儿更易于把握,也无形中学会了归纳法。父母们可以带幼儿到动物园,实地观察一下动物们的尾巴,也可以引导他们听一听动物们的叫声,然后和他们一起记录一下,这样幼儿会更有深刻的认识,也会觉得更有趣味。

撰文/[韩]赵载恩
大学和研究生阶段一直专攻幼儿教育,目前从事绘本设计和文学创作。著有《一天三次,亲亲 你好!》《我的第一本相册》《公主的洗手间》等作品。作者作此文章,希望孩子们能了解动物们有趣的尾巴。

绘图/[韩]宋永旭
大学时主修应用美术,目前从事插图绘制工作。绘有《冲向绿色星星王国!》《看到了吗? 看到了啊!》《蜗牛啊,你为什么背着家爬行呢?》等作品。

监修/[韩]鱼京演
在韩国庆北大学主修兽医学,专业是野生动物研究,并获取了兽医学博士学位。目前在韩国国立动物园担任动物研究所所长一职。著有《长颈鹿脖子长》《大象鼻子长》等书。

复旦版科学绘本编审委员会

朱家雄　刘绪源　张　俊　唐亚明
张永彬　黄　乐　蒋　静　龚　敏

总 策 划　张永彬
策划编辑　黄　乐　查　莉　谢少卿

图书在版编目(CIP)数据

动物的尾巴/[韩]赵载恩文;[韩]宋永旭图;于美灵译.
—上海:复旦大学出版社,2015.5
(动物的秘密系列)
ISBN 978-7-309-11285-6

Ⅰ.①动… Ⅱ.①赵…②宋…③于… Ⅲ.动物-儿童读物 Ⅳ.Q95-49

中国版本图书馆 CIP 数据核字(2015)第 053221 号

本书经韩国教元出版集团授权出版中文版
上海市版权局著作权合同登记
图字:09-2015-167 号

动物的秘密系列 2
动物的尾巴
文/[韩]赵载恩　图/[韩]宋永旭
译/于美灵
责任编辑/谢少卿　高丽那

复旦大学出版社有限公司出版发行
上海市国权路 579 号　邮编:200433
网址:http://www.fudanpress.com
邮箱:fudanxueqian@ 163.com
营销专线:86-21-65104507　86-21-65104504
外埠邮购:86-21-65109143
上海复旦四维印刷有限公司

开本 787×1092　1/12　印张 3
2015 年 5 月第 1 版第 1 次印刷

ISBN 978-7-309-11285-6/Q·93
定价:35.00 元

如有印装质量问题,请向复旦大学出版社有限公司发行部调换。
版权所有　侵权必究

动物的秘密系列 ②

动物的尾巴

文/[韩] 赵载恩　　图/[韩] 宋永旭　译/于美灵

复旦大學 出版社

动物的尾巴，各式各样。
瞧，袋鼠的尾巴！

袋鼠的尾巴像厚实的麻绳，又长又结实，而且很粗，
看起来很有劲。

袋鼠用尾巴做什么呢？

还有哪些动物像袋鼠一样，尾巴是用来维持身体平衡的呢？

帝企鹅的尾巴虽短，但很结实，能够帮助维持身体平衡。
依靠它，帝企鹅就可以一摇一摆地在冰上走来走去；也多亏了它，帝企鹅即使把蛋宝宝放在脚背上，也不会掉下来。这样一来，帝企鹅爸爸就可以安心地孵宝宝喽。

再看看海猫（又称灰沼狸）！
它正身体直立，环顾四周。
多亏了那条又细又长的尾巴，
帮它维持身体平衡，它才可以长时
间这么站着，观察周围是否有敌人
出现。

动物的尾巴，各式各样。
瞧，响尾蛇的尾巴！

　　响尾蛇的尾巴滑溜溜的，尾梢由凹凸不平的空环链接
而成。响尾蛇一晃动尾巴，这些空环就会发出"嘎啦嘎啦"
的响声。

响尾蛇用尾巴做什么呢？

还有哪些动物像响尾蛇一样，尾巴是用来吓唬其他动物的呢？

蝎子的尾巴又尖又长，尾梢部位还有毒针。

所以当猎物出现时，蝎子就会用尾梢的毒针深深刺入猎物，猎物中招之后就一动不动啦。

8

　　鳐鱼那又细又长的尾巴也十分可怕，它上面长有刺针，形同锯齿，锋利无比，还有毒呢。

动物的尾巴，各式各样。
瞧，鳄鱼的尾巴！

鳄鱼的尾巴又长又厚实，它上面
长满了凹凸不平、结实无比的鳞片，
看起来就像披了铠甲一样。

鳄鱼用尾巴做什么呢？

还有哪些动物像鳄鱼一样，尾巴是用来帮助游泳的呢？

河狸那扁平的尾巴像船桨一样划动着，它可以随意掌控划动的方向。

如果有敌人出现，河狸就用扁平的尾巴在水面上"噼里啪啦"拍打几下，告诉朋友们："有危险！"

请大家一起来看看水獭的尾巴，它又粗又长，而且，你们看，是不是越往后变得越细呢？

　　水獭在水中肆意摆动着尾巴，游得又好又快，堪称游泳健将。

动物的尾巴，各式各样，
瞧，狐狸的尾巴！

狐狸的尾巴上长满了厚厚的茸毛，又
长又厚实，给人一种饱满、柔软又温暖的
感觉。

狐狸用尾巴做什么呢？

15

还有哪些动物像狐狸一样，尾巴是用来调控方向的呢？

  燕子晃动又长又细的尾巴，快速飞向天空。
  燕子剪刀似的尾巴可以帮助它调控方向，在天空
中纵情翱翔。

看，这只飞鼠！
它正用丰满、蓬松的尾巴调控方向、自由翱翔。

斑马的尾巴像苍蝇拍一样，可以用来驱赶蚊虫。

"不要烦我，一边去！"

老鼠的尾巴可以调节身体温度。

"让身体暖和一些，或凉快一些！无论什么天气我都不担心。"

猴子的尾巴可以当手用。

雄鸡用尾巴来寻找配偶。

"雌鸡啊，快来看看我漂亮的尾巴吧！"

"就应该把尾巴拴在树上，摇摇晃晃玩个够！"

动物的尾巴模样各不相同，用途也各不相同！
动物们独具特色的尾巴，是不是很神奇呢？

去动物园看一看！

到目前为止，我们已经对动物各式各样的尾巴进行了仔细的观察。
那么去动物园实地看一下动物们的尾巴如何呢？

动物园是可以近距离观看到世界各国野生动物的地方。在这里，可以看到平日里看不到的稀有动物。中国著名的动物园很多，如北京八达岭野生动物园、广州长隆香江野生动物园、宁波雅戈尔野生动物园、上海野生动物园、成都大熊猫基地、蓬莱极地海洋世界等。

注意！注意！ 去动物园之前，最好按照季节和天气，提前查询一下可以看到哪些动物。

听一听！

在动物园猛兽区可以看到各种野生动物，当然也可以亲耳听到它们的叫声。很多声音都可以听得真真切切，如狮子的吼声、大熊觅食的声音、老虎咆哮的声音等。

找一找！

书中所讲的动物尾巴，实际上是什么样子，需要大家亲自观察一下。有些动物，虽然没在书中出现，但也长着十分独特的尾巴，可以观察一下这样的动物都有哪些。

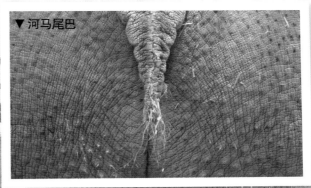

▼ 河马尾巴

＿＿＿＿的观察日记

观察日期：	观察地点：

观察内容

1. 请将动物园里听到的各种动物的声音，用不同形状和颜色的线条画出来。

（例子）　　狮子吼声

2. 请画出你心目中漂亮的袋鼠。

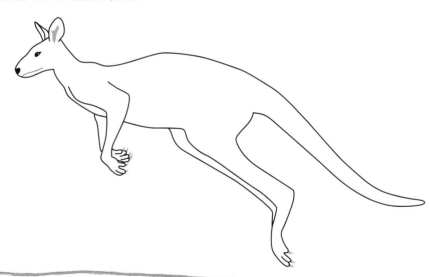

3. 请写下自己观察后的感受。

啊哈，原来是狐狸的尾巴啊！